德国式家居收纳术

分享小空间轻松生活的整理收纳技巧

作者◉门仓多仁亚
译者◉黄曙玉

山东人民出版社

前言

迄今为止，我已经搬家二十多次。

小的时候因为父亲工作调动，全家人不得不随着一起搬家。后来自己工作之后，也开始了不断搬迁的生活，除了日本，还曾先后在德国、英国、美国、香港等地生活过。

在新的环境中开始新的生活是件非常愉快的事情，但是在新的生活安定下来之前，需要花费不少的时间、精力和金钱。这期间如何创造一个轻松舒适的生活空间，对于我来说是一个非常重要的课题。

妈妈是德国人，还记得小的时候她曾这样跟我说：

“如果你爸爸工作调动要去新的地方，对于全家来说，意味着生活又一次从零开始。在适应新的工作环境和学校之前，会有各种各样的压力。当结束一整天的工作和学习回到家中时，应该让家人感到安心和放松。所以搬家之后，尽早营造一个令人心情舒适的家庭环境是件非常重要的事情。”

德国人非常重视和家人一起相处的时间。不管是居住在宽敞大房间的一家人，还是住在狭小公寓中的单身青年，他们都有在家中招待朋友一起吃饭或者品茶的习惯。没有什么特别要做的事情，只是以自己惯有的风格来招待客人，行使自己自然的为人处世方式。

家是最能体现一个人价值观的地方，而且家里的环境也左右着人的心理和身体状况。

本书介绍了我在多次搬家中总结出的家居收拾布置的相关经验、从妈妈那里学到的德国式的家居方式，以及对于德国人来说心情舒适的生活环境等等。如果这些经验能够给大家的生活带来些许参考借鉴，我将感到无比荣幸。

目 录

Contents

2 精心打造温馨舒适的居家

3 合理使用狭小的厨房

1　尽量减少储存物品

要想最大限度地快乐生活，

就要尽量减少不必要的物品。

持有这些物品，

就意味着要保管好它。

物品越少，

心情就会变得越轻松，

打扫也变得更简单。

只保留现在能用到的物品

前段时间，丈夫的老家要重新装修，我去了附近的家庭内装展示厅。展示厅向客人赠送彩绘餐具作为礼品，要回来的我也被打招呼要送礼品。但是我家中已经有足够的餐具，觉得不需要所以谢绝了。于是展示厅的工作人员追着说："那就送给您洗涤剂吧！"同时把洗涤剂盒子递到了我前面。我同样也谢绝了。

在日本，很多商家都会向客人赠送礼品，如果沉默不语的话，就会在不经意间累积很多很多物品。

即使是易耗品，如果同样的物品在橱柜中储存很多，不管是对于空间还是自己的心情来说都会成为负担。

那些被认为"说不定哪天就会用得到"的物品是最麻烦的。其原因在于，在"说不定哪天"到来之前，你必须要找地方存放这件物品。真正用到的时间有可能是明天，也可能是一年后，并且你还要记住这些物品放在哪个位置。

比如我家的毛巾，除了家人正在使用的之外，只是储备了几条自己家备用的和为客人准备的。以前降价处理的时候一次性也买过很多，结果一直到下次搬家，还是原封不动地放在橱柜中。从那时起，我便只买现在能用到的物品。床单也仅有正在使用的和预备的两床而已。

这是我家所有的毛巾。浴巾、面巾，以及清洁身体用的袋状毛巾。

把暂时不用的物品放在“处分箱”

我老家客厅的壁橱中有一个很大的抽屉，放了钢笔、领带、围巾、红酒等各种物品，这是专门用来存放暂时用不到的物品的地方。

每当圣诞节来临的时候，母亲就会打开抽屉，从中寻找可以用来做宾戈游戏的物品。

现在，我也像母亲一样在自己家中设置了一个储物箱，专门收藏别人赠送的很漂亮但自己不感兴趣或是用不到的物品，也有一些是自己非常喜欢但是买回来后一次也没有用过的物品，又或者是曾经非常喜欢但是现在厌倦的物品。总之，里面放了很多现在用不上的各种各样的物品。

其中一个是在越南旅行时搜罗到的刺绣手提包，当时千挑万选地买下来，但是回到日本后发现太过稚嫩。不管什么样的物品，即使使用了一次也会变成二手货，所以在这个手提包成为衣柜的堆积物之前，我把它收进了储物箱。

我会经常查看储物箱里的物品，然后认真考虑它们的用途。在越南买的手提包，我后来把它捐给了朋友家小孩就读的幼儿园里举办的义卖会，不想用的餐具送给了妹妹，当时非常喜欢的连衣裙因号码有点小，在过时之前送给了合适的朋友。

即使总是在想怎么处理这些物品，但还是会经常不知不觉地填满收纳箱，这个时候我会把这些物品打包，然后通过“WE-shop”捐给需要的人。

这是不知何时就会离开我家的物品的临时保管场所，其中有些是受朋友委托帮忙买的。

轻松方便的收纳技巧

在德国，即使是不请自来的客人，也常常习惯引进屋里欣然招待。之所以能够这样，是因为屋里总是收拾得整整齐齐的。但是，打扫房间并非总需要煞费苦心。

房间收拾得井然有序的秘诀是，给所有的物品创造存储的场所。

买了新物品，首先决定存放在什么地方。在做决定之前，必须要考虑会有谁在什么时候什么地方用到它，尽量存放在靠近使用场所的地方。

比如，儿童玩具并不一定要存放在孩子的房间内。如果孩子经常在母亲做饭的厨房或餐厅里玩耍的话，那么玩具储存箱就适合放在厨房或餐厅里。这种方法，适用于选定所有物品的收纳场所。

为了每次回家后能立即把钥匙放好，在门口的鞋架上放置了放钥匙的盒子。为了出门时方便寻找，鞋架上摆放了手纸盒。

为了防止木制的餐桌表面被印上餐具垫的轮廓，餐具垫要放在餐桌上的盒子里。打扫阳台的刷子吊挂在门的旁边。另外，洗碗槽和洗脸台的下面，备好免洗涤剂的海绵和餐布，以便随时拿出使用。

不管是在我娘家还是在德国的祖父家，所有的物品都存放在固定的地方。家里所有人都知道什么物品放在什么地方，孩子们从小开始就被教育使用过的物品必须放回原处。母亲曾经因为无法忍受剪刀拿出来后不放回原处，甚至用绳子把剪刀绑在了抽屉上。这样，家人就形成了用完东西放回原处的好习惯。

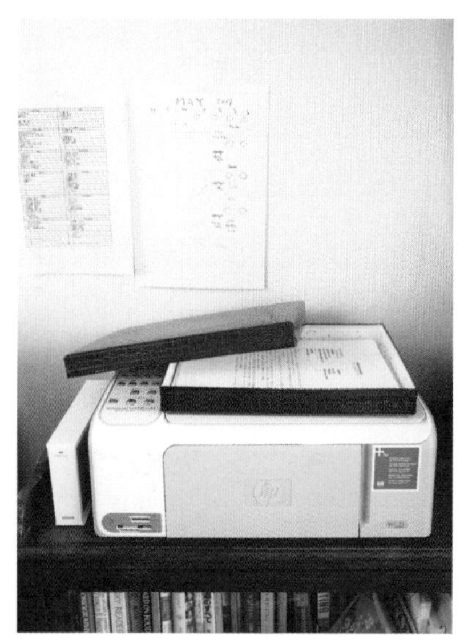

左 / 打印机上方放有从鸠居堂买回的漆盒，其大小刚好适合装下使用过的纸张。
右 / 杯垫是可以用洗衣机清洗的材质，存放在桌子上的小漆盒内。

家人共用的物品存放在一起

家里的工具，有时候是单独使用，但很多时候是多个工具同时使用的。比如发送快递时需要的纸袋、箱子、胶带、剪刀、快递单等，都是同时使用的物品。

整理物品的时候，要把同时使用的物品存放在同一个抽屉里，这样使用的时候就会很方便。

在电话机旁边放上一支笔和便笺，在玄关处放一个能装钥匙、抽纸、衣刷等物品的小盒子，方便家人共同使用。

化妆工具也可以成组摆放。眉笔、眼线笔、睫毛膏、唇线笔、口红等长条形化妆工具全都放进杯子中。每天早上使用的时候，连同杯子一同拿到盥洗台上，用完之后再次收回到杯子中。此外，旅行的时候，也可以将杯子一起放在化妆包中携带。这样在旅行地，也可以按照平时的习惯使用相同的物品，非常方便。

我特别注重旅行用品的配备

把客厅衣柜的一个抽屉当作快递专用柜。

存放，护照夹、在飞机上穿的拖鞋、旅行枕、转换插头、以前旅行剩下的外币、旅行指南等全部放在同一个地方。

这样根据用途进行整理，那么即便是不常用的物品，在需要的时候也能马上找出来使用。

此外，特别要强调的是，在收拾物品的时候进行大致的分类即可。如果分类过于细致，那么每次用过之后放回去的时候会感到非常麻烦。因此，以“在这个箱子中能找到和旅行相关的物品”这种程度来进行分类收藏就可以了。

左 / 化妆用品组合。
右 / 玄关门口的橱柜中，有外出必需品的专属地。回到家中，首先把钥匙放置其中。

客厅里的两个橱柜

在德国人看来，相较于在家中摆放几个很小的家具，他们更愿意只摆放一个大家具，把所有的物品收藏在一起。

对于德国人来说，重要的是不要增加家具的数量。家具能够存放现有的物品就好，大型家具会使房间看起来更有紧凑感。

我家的客厅里有一个和式隔断旧橱柜和一个和式和服橱。虽然是和式橱柜，但是跟房间白色墙壁搭配起来很协调。和式隔断橱柜内部空间很大，能够存放很多物品，这也是我非常喜欢的一点。

虽说是隔断式橱柜，却不一定只能摆放书籍。对里面的结构重新进行合理的调整，使其便于自己使用，这也成为生活的一种乐趣。隔断橱柜放在厨房的门附近，所以我把红酒杯、咖啡杯、茶杯等摆放在里面。隔断橱柜下方的抽屉，其深度与杯状物品的高度非常吻合。因此，把摆放在隔断橱柜中比较占空

在二手店购买的隔断橱柜。大型家具容易引人注目，使房间看起来更紧凑。

间的杯状物品全部放在抽屉里。即使是放在最里面的杯子，也能够很容易拿出来，非常方便。

和服橱上方放有收音机和CD播放机，所以和服橱最上方的抽屉中存放的是CD等。其他抽屉中则是餐桌布、餐厅的亚麻产品和餐巾纸。另外，最下方的抽屉中存放的是邮寄快递时

右上 / 杯子收纳于抽屉中，方便拿放。
右下 / 为了便于看清，餐桌用布叠成小块错开摆放。
左上 / 玻璃杯按照类型纵向排列，便于取出。
左下 / 蛋糕模具盒子里铺上垫布，把餐具放置其中。

摆放在沙发旁的和服橱。其中存放的不是和服，而是生活中常用的物品。

使用的胶带和剪刀等物品，店铺赠送的纸袋也放在其中。尽管我总是提醒自己不要拿回随赠纸袋，但是不知不觉间还是积攒了很多。于是我只保留能放入抽屉中的纸袋，其他不需要的纸袋子则全部处理掉。

常用的餐具存放在厨房的橱柜中

把平时常用的餐具，存放在厨房洗碗槽上方的橱柜中。打开洗碗槽上方的橱柜门，隔板分为三层，每天餐桌上使用的餐具，全部存放在此处。

橱柜最上方的格层里存放圆形转盘，上面摆放着木碗和瓷饭碗，非常容易取出。把餐具存放在伸手可得的地方，才能迅速做出好的饭菜。

吃西餐时，通常使用简单的白色盘子。平常都是在厨房中把食物分别盛好在盘子中，只有沙拉是放在一个大碗中，吃饭时大家各自从大碗中盛出沙拉。

西餐餐具，只要有大的正餐盘子、较小且扁平的盘子、大碗等三种类型，就可以应对任何形式的饭菜。肉食和意大利面都可以使用正餐盘子，较小且扁平的盘子可以盛放沙拉、蛋糕、早餐的吐司片等，大碗可以用于盛放沙拉和汤，甚至早餐的酸

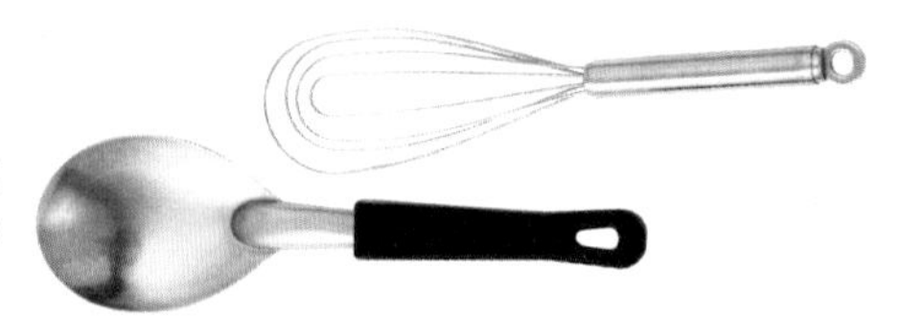

厨房用具，喜欢的样式各有一件。打蛋器（上）和汤勺（下）。

奶和甜点也可以使用。

和式料理，通常是大盘料理。烤鱼和炖菜也用大盘子或大盆来盛放。因此，和式料理只需有几个可心的大盘子和大盆就可以了。此外，根据人数需要，可储备多个分餐碟和酱油碟。

长期使用同样的餐具，使人产生厌倦感。所以，我经常在母亲那里得到旧餐具，也购买新的餐具，或两者交替使用等，这也是一种做饭的乐趣。

三种类型的白色盘子。从眼前开始，较小且扁平的盘子、碗、大的正餐盘子。

平时常用的餐具，西餐具和和式餐具全部存放在洗碗槽上方的橱柜中。

尽量减少食物的储存量

在德国，商店的营业时间有严格的限制，打烊时间是由法律规定的。除了观光游客较多的部分商业地区之外，其他商店在周六下午和周日是禁止营业的。因为不确定什么时候才能去商店，所以有针对性地储购一些物品是很有必要的。

与之相比，日本超市的营业时间显得非常长，需要的时候随时都可以去购买。因此，我在日本生活的时候，认为“商场是自己家的食品库”，只需要储购最低限度的日常用品和食材就可以了。此外，也要尽可能地减少调味料的种类。

我们家会经常做一些小点心，有时会需要各种类型的砂糖，但常备的只有绵白糖，做料理和点心的时候全都使用绵白糖。醋也是只有白酒醋和香醋，橄榄油也只有一种。

我对橄榄油有些偏爱，意大利的朋友每年会给我邮寄一次亲自采摘和榨制的橄榄油。虽然想留着生吃才能感觉别有风味，但怕爱惜使用会导致时间延长而变味，所以也用于炒菜等，开封后会尽快用完。

美味的食物，应该尽量在新鲜的时候食用。

唯一会一次性购买很多的橄榄油。IL PORNANINO的产品。

餐具和食材在储存的时候要留有一定的空间，不要过度紧凑地存放。

报纸杂志要放在书架上

每天早上都会送到的报纸和定期购买的杂志，在不知不觉间就多起来了。每当看到堆积如山的报纸和杂志，自然会感觉有压力："啊，该要整理了。"心情也会变得糟糕。所以在这种状态到来之前，要按照自己的规则进行整理。

对旧报纸和可再生利用的纸张，准备一个把报纸三次对折后刚好能放进去的箱子，作为存储的地方。并且，为了方便丢弃，把绳子剪成合适的长短，固定挂在箱子上。等箱子装满后，用绳子捆绑起来，送到废旧报纸回收处。

在阅读报纸的时候，遇到想收藏的报道时，也会剪下来整理在文件夹里。但是现在这个时代，任何重要信息几乎都能在网上搜索到，所以尽量不要剪切收藏。

事先确定杂志和书所占用的书架空间，只保留相应存放的书籍。如果书籍无法全部放进书架，那么可以拍卖或送人。阅读杂志时，如果看到感觉不错的内容，可以把它的页面撕下来。

按照饮食、旅游、健康、装修等进行分类，放在文件夹里，把剩下的扔掉。杂志一旦堆积，就会让人感到“需要再次阅读一下”的压力，所以要尽快整理掉。

可能会觉得，扔掉漂亮的杂志是件令人心痛的事情。但是，3 年前的巴黎 Figaro 增刊只是过时的信息而已。即使手里拿着完整的一本杂志，从头到尾看完后也要处理掉，以便不断接收新的信息。

旧报纸、打印纸、可回收的纸箱等放进盒子里。

菜谱书籍要按照每天的菜肴、西餐、甜点、面包等分类摆放。

围巾的搭配使外套多样化

虽然并不讨厌时装，但是我会尽可能选择简洁大方的衣服，其种类也不是很多。其实，不用考虑如何按大小规格将围巾和手提包进行搭配，也是一种乐趣。

我在冬天的装扮，通常是黑色西裤、手工编织套装、Loafer（休闲鞋），披上纯色大衣，脖子上系着漂亮的围巾。平跟鞋配上裤子，使行动方便灵活，围巾的色调巧妙地呈现出整体的风格。

围巾的色调可以使面部色彩更加明亮，只要稍稍打扮，就会显得靓丽动人。我没有太多的洋装，但是围巾的色彩和花样却很齐全。

我夏天的装扮是黑色裤子配上圆领白色 T 恤、黑色休闲鞋。T 恤需要经常清洗，所以备有几套相同款式的 T 恤。夏季不用围巾，所以用手提包搭配色彩，会经常使用颜色稍微亮一些的手提包。

我只有一个洋装衣柜。洋装不在房间内随便悬挂，而是全部放进衣柜内。衣柜装满时，就把那些还是很新很漂亮但不能穿的衣服整理好，合适的就送给“日本救援衣物中心”。

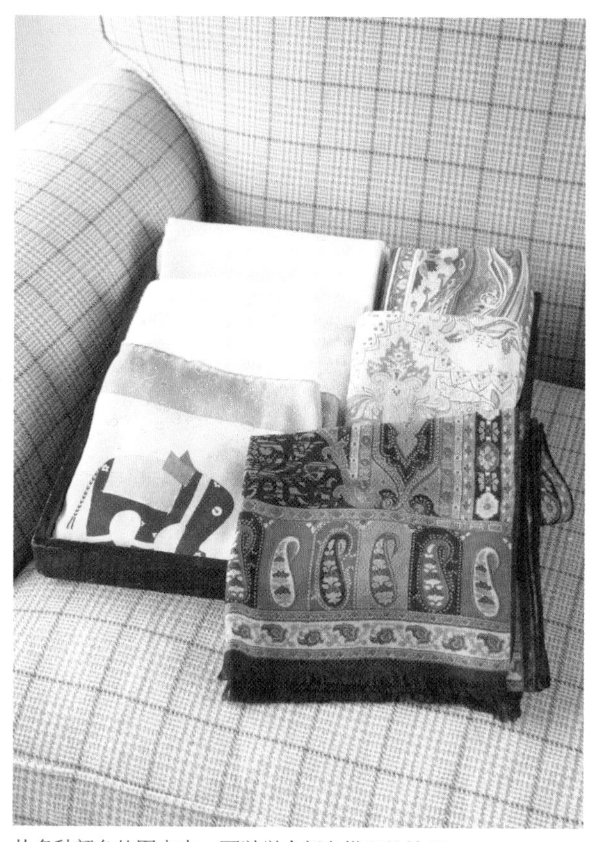

从多种颜色的围巾中，可以学会颜色搭配的技巧。

关于礼物的思考

送礼物往往要费尽心思。如果是非常熟悉的家人或朋友，知道对方的喜好，那么就送对方喜欢的礼物就可以了。如果挑选的礼物对方很喜欢，自己也会非常高兴。

但是不知道应该送什么样的礼物时，则会非常苦恼。

每到圣诞节期间，加上媒体的大肆宣传，很多人会感到“圣诞节应该相互交换礼物”的压力。到了 11 月底，大家都涌到街上，千方百计地寻找礼物。即使在德国，也有给每一个家庭成员赠送礼物的习惯。

我们家曾经一度为此疲惫不堪，所以大概从 10 年前宣布后便不再相互送礼了。我们决定：在圣诞节和生日时不必勉强送礼物，当然偶尔遇到特别合适的礼物，随时可以赠送。

当送礼不再具有强制性时，心情会变得舒畅，给家人送礼物便成为一件很快乐的事情。

在柏林作为礼物购买的风信子花瓶。礼物要选择在日常生活中可以使用的物品。

2　精心打造温馨舒适的居家

即使是租赁的住宅，

在居住期间也是自己独立的生活空间。

所以，每次搬家的时候，

都精心打造成自己喜欢的空间。

满身疲惫地归来之时，

能拥有一个自由放松的空间，

我认为是非常重要的。

用实用物品进行室内装饰

我所居住的公寓，如果不置办任何家具，就是一个令人生厌的空盒子。虽说是想舒适地生活，但如果什么都不置办的话，与其说是美观，不如说是死板无味样板厅。想要在这样的“盒子”中心情愉快地度过每一天，把房间打造得舒适宜居是非常必要的事情。

虽说是装修成舒适居家，并不意味着将其变成放置生活用品和无用的杂货的地方。要放置一些在日常生活中经常使用的、自己喜欢的设计物品，来打造令心情舒适的空间。选择美观实用的物品，物品本身也成了一种装饰。

首先，认真观察房间整体布局。接着考虑，想在这个房间里做什么。客厅的话就会想到坐着交流，阅读书籍，朋友到访之时团坐聊天等。然后考虑其所需，置办备齐所需物品。

我家的客厅，主要是放松的空间。想要一张在知道行为不雅的前提下，可以把脚放在上面也没关系的桌子，所以配置了一张大桌子。桌子周围配置了 3 把椅子和沙发。其次，作为方便放置饮料的地方，旁边配置了侧桌。在读书的椅子旁边放置了读书灯。

侧桌和橱柜的上方是无法放置于橱柜内的较高的水壶、花瓶、烛架的好归宿。

客厅的橱柜和侧桌上方是容易堆积灰尘的地方，每次拿出掸子清理也很麻烦。所以，把设计可爱的掸子放置于橱柜上方。想起来的时候，可以简单地清理一下灰尘，非常方便。

秋冬时期，窗户上一直挂着窗帘。选择了和整体氛围相协调的土黄色。因为是丝绒般的材质，寒冷的季节会给人一种温暖的感觉，但是夏季就会让人感觉闷热。所以，在日光开始变强的 5 月下旬到 6 月初摘下窗帘挂上帘子。帘子用麻绳挂在挂窗帘用的横杆上，帘子的质感与夏季的装饰非常协调。

厨房位于内部而且空间狭小，要是墙壁上没有任何装饰的

带有底板的坐垫在读书和用笔记本电脑时非常方便。

客厅的大桌子。桌子下部收纳有平时阅读的书籍。

话，就会感到白色墙壁袭来的压迫感。因此，在没有窗户的墙壁上，用装在玻璃框架内的画进行装饰。因为玻璃面反光，会创造出一种有窗户般的明亮氛围。

晚上，靠在垫子上打开自己喜欢的书，心情就会变得宁静。

选择划伤和污垢巧变成魅力的家具

每个人对于舒适的空间有着不同的见解，我们家主要是想打造最大限度放松的空间。流行的家具、必须保持簇新发亮不能刮伤的家具和杂物会令人感到拘束。与之相比，我更倾向于随着使用会增加手感、划伤反而成为家具魅力的物品。

虽然没有“想要这种风格的房间”的想法，但是在选择喜欢的物品装扮房间的过程中，也意识到了自己特有的标准。

首先，与纯白色的木制物品相比，我会选择深颜色的木制物品。我们家有日本、英国、巴黎、美国等各个国家的家具，制作年代也不同。可能是木制品颜色比较统一的原因吧，整体感觉不可思议地和谐。

喜欢有手工制作感觉的物品，有自己制作的靠垫和朋友画给我的画。放在客厅的天蓝色的靠垫，是用丈夫老家处理的和服腰带做成的。腰带上有一些污垢，红色的刺绣看起来非常华丽。考虑作何用途，最后决定做成靠垫。因为腰带是属于强力厚质面料，我想与其两面相同，不如背面使用不同材质的质朴的面料，所以用藏青色的棉绒布来做背面。

客厅的沙发上铺的大红色毛毯和靠垫，是去香港旅行时淘到的。印度产的手工制作驼绒，颜色搭配有点混乱，但是这正是其魅力所在。

感受质感，不仅仅指的是古董。餐桌是在 THE CONLAN SHOP 买的，桌面是锌板制成的，是非常容易划伤的材质。在购买的时候，店员告诉我们要特别注意。至今为止已经使用了将近十年的时间，餐桌表面全都是杯子的痕迹。但是这也正是很多人来做客，一起吃饭一起享乐的见证。餐桌上充满了各种回忆，变得更讨人喜欢了。

质感必须是自然素材。塑料等人工素材不管用多久都不会增加质感，只会变得更加难看。以自然素材为中心，经过漫长的使用和收拾的过程，反而变成越陈旧越美观的家具。

打造房间气氛不可或缺的另一个要素是绿色。有访客时也会用鲜花装饰，但是平时只放置一些观叶植物。摆上一些绿色植物，房间就会变得宁静。之所以摆放植物，是因为能够释放出正能量的原因吧。

我推荐的观叶植物是芦笋。和食用芦笋是同一品种，但是不能食用。芦笋不仅外观漂亮，而且耐干旱，即使偶尔忘记浇水也没影响。避开阳光直射，但是要放在能晒到太阳的地方，每隔一周或十天浇一次水就可以了。精心地栽培，良好的长势会令人惊讶，漂亮且茂盛。

橱柜上方，绿色植物、玻璃和金属等发光物品及布、木等不同材质的物品组合摆放。

靠垫、毛毯的颜色和质地没必要统一。天蓝色的靠垫是用和服腰带做成的。

在家中放一些古玩

旅行地的乐趣，围绕着食物和古玩市场。古玩具有不可思议的魅力。每个图案都富有个性，形态奇异。木质物品用的时间长了就会有划伤，颜色也变成了暗黄色，也会富有光泽。

有抱着某种目的而特意购买的古玩，也有意外发现而欣喜若狂购买的古玩。如果有颜色、形状和氛围都很合意的古玩，通常是先购买之后再考虑其用途。

1930 年制作的风信子花瓶，是在柏林的古玩店淘到买下的。大约 100 年前制作的英国产馅饼盒子，放入鹿儿岛的芋饴端给客人品尝。

东京也有几个可以淘到古玩的地方。

我喜欢的是每月第一周和第三周的周日，在东京国际论坛大楼举办的大江户古董市场。日本的、西洋的，各个年代的都

看起来像是和式风格，但实际上是英国的古盒。

橱柜上方放置的是 100 年前制作的冰桶，在家中开办烧酒聚会的时候使用。

在古董店找到的鸟用饮水器中种上了植物盆景。

有，有很多店家会参与，总是会发现和邂逅一些自己没有见过的物品。很多店家不仅仅是在古董市场出店，同时还拥有自己的店铺。如果有自己喜欢的店铺，可以获得店铺的名片。

有时也会去六本木附近的乃木神社和原宿站附近的东乡神社的古董市场（每月第一个周日举办）。定期在平和岛开办的古董市场，规模很大，也值得去看一看。

位于银座的“银座古玩街”，有很多古典和服，海外的游客非常乐于来此参观。搜索西洋风格的家具时，可以去“Lioyds Antiques”或“THE CONLAN SHOP”。

购买和式家居的时候，就去原宿的“Oriental bazaar”。在具有变异的中国风外观的大楼内，一层销售面向海外游客的土特产，二层和三层陈列着漂亮的家具。

寻找古董级和式餐具的时候，就会去位于青山古董街的古伊万里专门店“Tasaburo”。Tasaburo 的大叔对于古伊万里非常熟悉，会教你很多事情。因为每次去店铺的时候可以分期付款，所以常常以还款为借口进出店铺，借此欣赏到很多漂亮的古伊万里。

安装柔和舒适的灯具

在日本，人们喜欢灯光明亮的空间，但是德国人喜欢微暗宁静的灯光。灯光微暗一些让人感到放松，也不会太在意有些凌乱的房间。因为看不清对方的皱纹和服装等，也就不会过于拘泥于小细节。

在德国的祖父母家生活期间，天色暗下来后，打开屋内所有的间接照明灯成了我的工作。厨房餐具架的前面安装了玻璃，并排放置的餐具后面装有灯管，所以整个餐具架起到了间接照明的作用。位于房间角落的高大落地灯，较大的开关位于电线的中间部位，也可以方便地用脚踩踏开关。

间接照明，是不让光线直接照在人身上，安置于能为视线所及之处带来光明的位置。

在我家，沙发的两侧各放置一盏台灯，坐在沙发上的时候可以照亮身边的空间。在读书时所坐的椅子旁边也安置了读书灯。

上 / 把灯光打在墙壁上，就会使餐桌被柔和的灯光所围绕。
下 / 沙发旁边的侧桌上，放置有照亮身边物品的台灯。

在餐厅，虽说可以在天花板上吊上灯具，但是没有找到特别喜欢的照明灯具，所以没有在天花板上安装吊灯。因此，在照亮餐桌旁边墙壁的角度安装了一盏壁灯，用墙壁反射过来的柔和灯光照亮餐桌。光源不足的时候，就会点上蜡烛。

墙壁上布置装饰画

装饰房间的画，属于装饰性物品。母亲经常说：“在墙上布置了装饰画，房间才算完整。”可以用一幅大的画进行装饰，也可以选用几幅较小的画，甚至可以把照片配上画框作为装饰。

前几日，在银座的伊东屋发现了很漂亮的明信片，所以购买了同系列的几种明信片。原本是准备全部寄给朋友们的，但是把其中特别喜欢的两张放在画框内，暂时用于装饰客厅的墙壁。画面中漂亮的红色，也成了房间的一个亮点。

画框也可以采用与明信片同样大小的尺寸，但是这次我选择的是在版纸中间画出了与明信片大小相同框格的画框。因为版纸的陪衬，位于中间部位的明信片上的画，看起来非常典雅高贵。

德国外祖母年轻时候的照片、父母结婚时的照片、公公婆婆的照片以及日本祖母的照片，并排陈列在走廊的墙壁上。如果放在相册里的话，就很少去看了。放在画框内，装饰在墙壁上的话，不经意间就能感受到家族的历史，让人感觉愉快。

装饰多个画框时，大小和放置的位置保持和谐。

整理房间安排在一天的日程之中

由于丈夫的工作关系，我们家每天起得特别早。每天早上 4 点半起床，5 点多就要开车送丈夫去公司。回到家的时间是 5 点半之后。喝杯咖啡，看过邮箱之后，就到了打扫房间的时间了。与其说是打扫，更准确地说是在整理。因为 30 分钟内就可以结束，非常简单。

首先是卧室。通风换气，整理床铺。接下来整理房间。主要是把前一天乱放的物品进行整理归纳，放回原处。在房间内走动的同时进行整理，基本上不需要思考就能完成。只需要把物品放回应有的位置，房间就会变得非常舒适干净。只有星期三才使用吸尘器扫除，其他时间都不需要。

接下来，简单地把浴室擦拭干净。盥洗室自己用过后，用

德国产的刷子。为了方便使用，所以直接放在外面。

放置于水槽下方的、不需要洗涤剂的海绵来擦拭镜子和洗脸槽。之后，将自己用过的毛巾拧干水滴直接放进洗衣机内。

卫生间也在每天早上自己使用后用刷子清洗。用半张厕所清洁专用纸，按从上到下的顺序清洗：水槽上方、马桶盖、马桶座、便器、底座部分，最后是地板和旁边的墙壁。只需两三分钟，就能完成卫生间的清洁。

卫生间没有放置专用拖鞋、鞋套、防滑垫。因为每天早上清洁，和其他的房间一样保持整洁，所以我认为穿着普通的拖鞋进出也是没有问题的。物品越多就越难以清理。要是地板上摆放了物品，那么每次打扫的时候都必须拿起来。并且，布制的物品要保持干净是非常麻烦的。把马桶刷放在地上会非常碍事，所以使用挂在水槽旁边的小刷子。

认为扫除是“不得不做的事情”，就会变得非常麻烦。把每天的整理和扫除，安排在早上的作业流程里，就会变得很轻松。

我的目标是，每天早上在 8 点之前结束简单的整理和扫除，并且淋浴，做好 9 点钟有客人来访也不会感到不好意思的准备。

给自己制订这样的计划，就可以有效利用其他的时间了。

周末时，大家都待在家中休息。这种时刻，我也想一起尽情放松，所以基本上不做整理和扫除。这是“休息的时候大家在一起”的想法。

窗户和窗帘是家庭的脸面

漫步于东京街头，观赏公寓的窗户时，经常发现窗户后面堆积着各种物品，窗帘被挤到窗户玻璃里面，变得皱巴巴的情况。但是，在德国仰望公寓的窗户时，会看到大家比赛似的把蕾丝窗帘挂在窗户上的情形。

有谚语说："观其外，知其内；观其友，知其人。"同样，在德国人们认为"从一户人家的窗户，就可以了解到家中的样子"。德国主妇非常在意窗玻璃的清洁和窗帘的布置。

窗帘上，即使肉眼看不到，也会堆积很多灰尘。在使用吸尘器的时候，可以顺便清理一下窗帘的灰尘。而且，一年至少要清洗一次。如果送到干洗店清洗会需要较高的费用，所以在购买的时候，最好选择可以自己清洗的面料。

不管是蕾丝窗帘，还是普通的窗帘，清洗完之后要马上挂在窗帘架上。在湿着的时候挂起来，其重量会拉平褶皱，可以原样使用。

另外，虽然每个人对于干净的标准不同，但是德国人一般每周擦一次窗户。窗户玻璃擦干净之后，房间也会变得特别明亮。

阴天的时候，用湿润的海绵迅速擦拭窗户，最后用擦拭窗户专用的皮革擦掉多余水分。如果用普通的毛巾擦拭水滴，就会留下纤维痕迹，所以用皮革擦拭。不用洗洁剂。好像也有很多人，用沾水的报纸擦拭。

挂在玻璃窗边缘的是清扫阳台时使用的扫帚。

铺地毯的理由

德国住宅的地板，常见的是和日本相同的实木地板或者是铺的 Wall-to-Wall 地毯（覆盖所有地面的地毯）。

母亲传授的挑选地毯材质的要点是，方便清理、声音小和保暖等。实木地板和地毯相比，看起来很干净，但是不经常打扫的话容易堆积灰尘。另外，也有容易发出声音的缺点。德国人对于声音特别敏感，尤其是居住在公寓的时候，特别注意不要给周围邻居带来麻烦。母亲在孩子很小的时候，为了不让楼下回响脚步声，选用了 Wall-to-Wall 地毯。

选择地毯的标准是素材和颜色。与自然素材的地毯相比，化纤地毯容易引起静电，容易聚积污垢，地毯和墙壁结合处也容易变成黑色。羊毛材质比较贵，但是从长远的目光来看还是值得考虑的。选择颜色时，要考虑家具、地毯和房屋背景颜色的互相搭配。

在德国家中，不管是实木地板还是地毯，上面都要再铺上块状地毯。铺上块状地毯，有两个值得期待的效果。

第一，可以区分房间。饮食空间和沙发放松空间在同一个房间内的时候，容易产生呆板的感觉。如果在各自的空间内铺上不同的块状地毯，就会使之看起来张弛有度，有明显区分。打造不同氛围的空间，也可以转换心情。

第二，防止弄脏、划伤和噪音。在餐桌下铺上大块地毯，可以防止地板被划伤、地毯被弄脏等。另外，也不需要担心会发出噪音。

块状地毯一般铺在人们经常经过、容易弄脏或者容易磕碰的地方。例如频繁使用的走廊和楼梯处的地板和地毯很容易磨损，更换地板和地毯是非常麻烦的事情，所以在上面铺上块状地毯。我家走廊是 Wall-to-Wall 地毯，所以在上面铺上了细长形的块状地毯。

仅仅更换一张地毯，房间的氛围就会有令人惊奇的转

块状地毯定期用吸尘器清理，在房间通风的时候进行拍打，并进行阴干。

变。例如，黄色的块状地毯看起来很温暖，适合冬季使用，但是夏季就会使人感觉闷热，这个时候，就要换成清爽色调的块状地毯，或者用藤条编制的垫子。藤条看上去就很凉爽，脚底清凉，心情也随之愉悦。

在日本很难找到如意的块状地毯，一般多在海外购买。居住在纽约的时候，经常光顾位于联合广场的 ABC Carpet 店，最高层存放有数百张块状地毯。只是大致地看一下很难做出决定，所以需要记住尺寸大小和喜欢的块状地毯种类。

我家的室内装修，非常适合质朴、粗线条的 Kirumu 风格块状地毯。Kirumu 的绒毛较短，是通过打结方式连接起来的块状地毯，所以不会特别松软，夏天时赤足走在上面也不会黏脚，感觉很舒适。

在日本的时候，我通过“Garnet Hill”网购物。

融入居家生活的烛光

疲惫的时候，关掉家中的电灯，打开客厅的间接照明，点上一支蜡烛。同时，播放喜欢的爵士音乐。

沐浴在烛光下聆听音乐，浏览喜欢的室内装修页面，或者安静地聊天，就会感觉到身心舒畅。不知不觉，会忘记居住在杂乱的东京市内公寓里的一个小房间，身心得以放松。对于我来说，这是自我放松的最佳时间。

在德国，不管是在餐厅还是家中，想放松的时候都会点上蜡烛。下午茶时间、招待朋友晚餐的时候，甚至是晚上饮酒时，都会点上蜡烛营造气氛。

在宜家家居购买的蜡烛放在小型和式餐具中，非常适合用于餐桌上。

不论男女老少，都非常喜欢蜡烛。高中时期我在朋友家借宿时，晚餐过后经常在朋友的房间内，点上蜡烛一起聊天。火苗在摇曳中发出的光非常柔和，不可思议地使人放松起来，也让心情平静下来。

最近，在日本的室内装饰店铺内，也经常能看到蜡烛，但大部分都是有香味的。如果想追求芳香的话，可以使用这种蜡烛，但是就餐和饮酒的时候就不太适合了。这时候，建议使用无味的蜡烛。另外，蜡烛也有品质好的和品质不好的。从外观看不出来，只有使用后才能鉴别，质量不好的蜡烛在短时间内就会燃烧殆尽。

我家客厅里选择的是能直接放置在桌子上的大蜡烛，长时间使用也不会燃烧殆尽，亮度也比较好。我非常喜欢在“Maison de Famille”购买蜡烛。购买蜡烛的话，我推荐“Huraman”。

餐桌用的白色小茶灯，总是储存很多，可以放在小型蜡烛台上，如果没有，也可以把红酒杯倒立，放置于上面，就变成了高雅的蜡烛台。

根据使用场合和心情选择蜡烛。

餐桌的桌布上滴上蜡油的时候，用手揭下来之后，用熨斗处理。在熨烫台上铺上纸巾，把滴上蜡油的桌布放在上面，在桌布上再铺上一层纸巾。

然后，把加热到中温的熨斗放在上面，蜡油就转移到纸巾上了。

最后，用热水清洗桌布，就会变得很干净了。

关掉电灯，点燃大蜡烛，客厅就变成了绝好的放松空间。

长期使用一件家具

家具是大型的商品，不要凑合着购买，在遇到自己喜欢的家具之前，先暂且使用现有的家具。长时间搜寻找到的、真正喜爱的家具会认真爱惜，可以长期使用。另外，不需要的时候也能找到想要赠送的人。

我家使用的餐桌椅，大约在 10 年前就开始嘎吱嘎吱响了。也试过去修理，但是椅子太旧了，也不好修理。一直在寻找新的椅子，最近终于找到了样式合适的椅子。

第一眼看上去，这个纯白色的椅子，形状和我家的装修风格不太协调，但因为刚好是我喜欢的风格就买下来了。虽然也有一些担心，但是送到家后摆上一看，真的是非常合适！坐着的感觉非常舒适，同时觉得坚持等待真是很值得的。

为了家具能够长期使用，保养也是非常重要的。连续使用

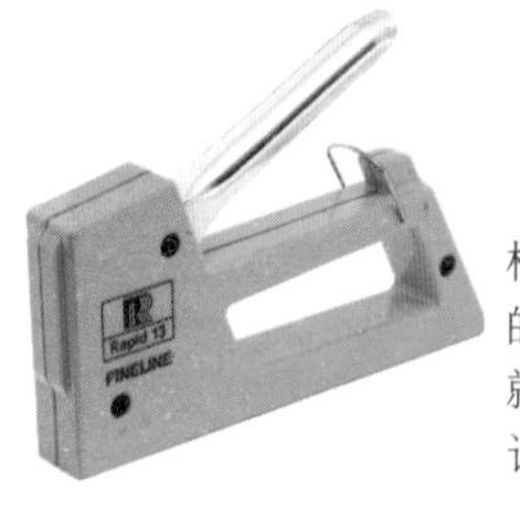

椅子翻新时使用的“打褃机”，就像是放大了的订书机。

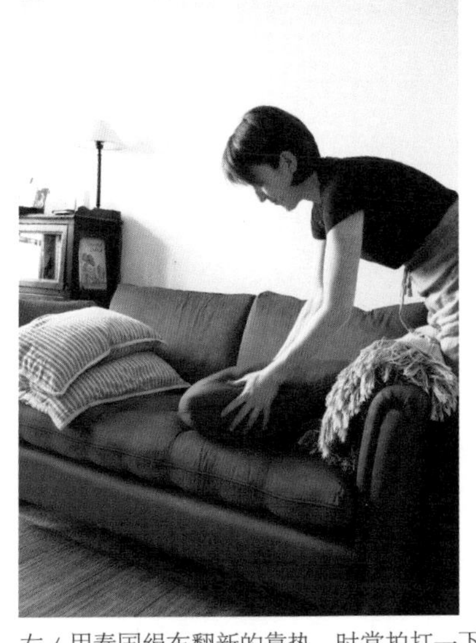

左 / 用泰国绢布翻新的靠垫。时常拍打一下，令它膨松。
右 / 椅子的翻新非常简单。取出座位部分，更换布和坐垫，在背面用打裥机固定即可。

15 年的沙发，外表随处都有破洞，但是非常喜欢这个沙发的样式，所以没有买新的替换，而是找人来进行修理。使用在旅行时购买的泰国绢布，拜托目黑区的工匠进行了沙发的翻新。沙发翻新所需材料的长度，随着材料宽度、样式、靠垫的数目而不同，大致是一人座 4 ~ 5 米、两人座 10 ~ 14 米（进店咨询，会得到更详细的建议）。

选择材料的时候，也需要考虑厚度。店员说，我们选择的泰国绢布，因为太薄不适合用在沙发上，但是在不能长期使用的心理准备下，还是用了这种材料。磨损的部分，我们认为也是一种韵味，翻新后已经使用了 8 年。

3　合理使用狭小的厨房

我家的厨房特别狭小。

为了在狭窄的厨房有效率地做料理，

尽量不要在操作台上乱放物品。

物品尽量收纳在寻找方便的地方。

有条有理地做料理的话，

即便同时招待很多客人聚餐也没问题。

必备的工具、不需要的工具

打造方便使用的厨房，确保操作空间是非常重要的。如果厨房宽敞的话，即使放置很多物品也能确保操作空间，但是狭窄的厨房就不那么方便了。

我家厨房里，只放置了频繁使用的家电和工具。由于经常做糕点和西餐，大型烤箱是必备品。丈夫喜欢意式咖啡，所以咖啡机也是必备的。有时泡茶，冬天也会使用汤婆子，所以电热水器也是珍宝。

这些物品一摆放，厨房就很拥挤了。如果再放置其他的物品，操作空间就变得更狭窄了。所以，微波炉只能忍痛割爱了。剩饭会冷藏，吃的时候做成杂烩粥。肉类解冻的时候，提前放入冷藏箱中进行自然解冻。用锅来加热剩饭剩菜。

没有专门的蒸锅。蒸鱼和烧卖的时候，在煎锅中放两根筷子，把盘子放在筷子上，锅中放上水，就成为简易的蒸锅。柏饼也用这种简易蒸锅制作。在深锅中放入少量水烧开，在深锅

厨房的操作台上，只放置做料理时需要的工具。平时是不放任何物品的状态。

配套的蒸屉上铺上浸湿的笼布，再把洗过的糯米放在上面蒸熟制作。

也没有烤鱼器。烤鱼的时候用煎锅。像烤鸡、烤盐秋刀鱼等，都可以在煎锅中倒入少量油进行烤制。这样可以随时看到烤的情况，所以不会烤过头，可以烤得很美味。如果不喜欢煎锅染上烤鱼味道的话，可以在煎锅内铺上烘焙纸后再烤。

放在厨房的常用锅，有两个小型的单手锅和一个较大的锅。大小煎锅各有一个。只要有这些，就可以做各种料理了。

我喜欢的菲仕乐锅。锅底很厚，受热均匀，温度比较稳定。因为是不锈钢制成，轻且方便使用。

决定行动路线的场所

厨房有食材、调味品、料理工具等各种物品。料理就是熟练运用这些工具，进行复杂的操作而成。为了顺利进行操作，需要把这些物品收纳在方便取出的地方。

洗菜时使用的笸箩放在水槽附近。经常使用的调味品，摆放于站在灶台前就能方便拿到的橱柜中。不经常使用的调味品，可以放在靠里面的位置。最理想的状态是，不需要来回走动，只需要伸手就能打开柜门，拿到自己所需的物品。

另外，在收纳时需要注意的一点是，物品不要过度拥挤。如果橱柜和抽屉中的物品摆放太拥挤，打开柜门时很难看清，就会变成总是在寻找所需物品的状况。好不容易获得的工具，如果不方便取出的话，甚至会出现嫌麻烦就不再使用的状况。

什么物品经常使用，以什么顺序来进行使用，因人而异。在此介绍我的便于使用的收纳术。

首先，尽量不要在厨房的操作台上放置物品，但是削皮刀、

如果几个人同时使用厨房，只需要把移动置物架放在厨房外就可以了。

公筷、放调味品和品尝味道时用的小汤勺应放在灶台旁边。

室温下能保存的调味品类，收纳在灶台下方的储物柜中。盐是经常使用的，所以把盐盛放于一个单手可以握住的小杯子中，放置在灶台旁边。灶台斜上方的橱柜中安装有旋转托盘，其他的调味品，就放置在转盘上。使用方便旋转的转盘，即使是位于橱柜内部的物品也很容易看到，非常方便。

平常使用的盘子类，全部收纳在水槽上方的橱柜中，以便做好料理后可以当即盛出。

厨房的收纳场所较少（一个抽屉也没有），再加上空间狭小，所以准备了带轮子的移动置物架。经常使用的不锈钢盆、餐盘类和锅放在上面，一回头就能拿到。

上 / 调味品收纳不可或缺的，在东急 HANDS 购买的旋转托盘。
中 / 水槽上方的储物柜，放置和进深相契合的盒子，用于收纳干货。
下 / 水槽下方放置的是箩筐、手动搅拌器和清洁工具。此处收纳时也不能太拥挤。

左上 / 玻璃瓶、塑料类制品放入采茶筐内，放在冰箱顶部。
左下 / 分物箱可以客串托盘，摆放糕点，使用于各种场合。
右上 / 把厨房料理工具，按照大小两种分类摆放在灶台旁边。
右下 / 移动置物架的最下面一格进行自由分割，竖着摆放烤箱专用的铁板、铁丝网、面包奶酪专用案板等。

移动置物架最上面一层放的是整理箱（用于把刚烤制的点心并排摆放的木箱），用来代替抽屉，其中收纳的是保鲜膜、铝箔等。有时也会把整理箱当作托盘来使用，盛上刚做好的料理端出，把做好的糕点放在系有绳子的分物箱内，挪动到通风良好的窗边。

整理箱的旁边放有两个筐，用于盛放根菜类。如果把洋葱和土豆放在一起，土豆就会很容易发芽，所以一个筐内放的是洋葱和蒜等，另一个筐内放的是土豆。土豆要避免阳光直射，所以用报纸包上进行保存。

移动置物架的最下面一格是电饭煲，以前装海苔用的玻璃瓶中现在装着大米。旁边有两个有提手的篮子，一个装的是大袋粗点心，另外一个放的是未使用的垃圾袋。烧烤用的铁板、铁丝网、菜板等，竖着并列排放。

移动置物架的顶端，挂有布制购物袋，卖给旧货回收的塑料瓶、玻璃瓶和罐等清洗之后全部放在其中。这样做，就不会发生买物品的时候忘记带出去的现象了。

有三块布料就能永葆厨房洁净

关于厨房，尽量想保持干净。我的性格中，很讨厌麻烦的事情。因为不想抱着很麻烦的想法进行打扫，所以我尽可能地不堆积污垢，经常擦拭。尽快清理的话，即使不用清洁剂也可以消除污垢。操作台的抹布总是放在手边，即使是做料理的时候，看到有污垢就马上擦掉。

灶台周边总是会有油污，拿布料用热水浸泡拧干后进行擦拭，就非常容易擦干净。把油污在凝固之前擦拭掉是铁的规则。烤箱使用后，高温期间非常危险，但是利用余温进行擦拭，污垢很简单就能清除掉。布料也不是很特别的物品，平常用作操作台抹布的材料即可。

厨房总是备有三块布料。

第一块浸湿，用于擦拭。除了餐桌以外，灶台周围、旁边的瓷砖也可以用这块布料擦拭。第二块是保持干爽，用于擦盘子、擦手的麻布。第三块是擦地板的布。只要有这三块布料，厨房就能永葆洁净。

在一天的最后，用热水清洗餐具并放入干碗架中，不需要擦拭，让其自然风干。接着用力擦拭水槽，用洗碗的海绵清洗，之后用水冲干净。水槽排水口的小筐用刷帚清理。然后，先用操作台的抹布擦拭水槽，之后用干布料擦干净水渍，最后把布料直接放在洗衣机内。

擦干水滴会觉得非常麻烦，但是擦过一次后就会养成习惯。因为厨房会焕然一新。

我所钟爱的布料。根据当天的心情选择颜色和图案。

没有准备而为难时做的应急料理

客人突然来访时，或者感觉疲惫而不想做料理的时候能做的菜品要备下几种。平时基本上不储存食材，但是提前储存应急料理的食材，做料理也会变得很轻松。

感觉为难时，我做的经典料理是意大利面。在煮面期间做好酱和沙拉。如果再配上面包、奶酪和红酒，就变成了豪华正餐。

※ 奶油意大利面

幼年时期，母亲常做的就是奶油意大利面。母亲把这种意大利面称之为“专为罗马法王制作的稻秆和干草”。因为使用了白色和绿色的意大利面的缘故，所以才起了这个名字吧。既制作简单，又非常美味。

介绍 2 人份菜谱。需要准备的是白色和绿色的意大利宽面（类似于扁面条的意大利面），共计 160g（如果没有，可以用意

大利实心面或通心粉代替，因为酱比较浓厚，所以适合于比较粗的意大利面）。按照说明煮得稍微硬一些。把 4 ~ 6 个白蘑菇（香菇也 OK）切成薄片，一大勺黄油放入平底锅中加热，放入蘑菇翻炒。变软之后，加入 80g 切成方块状的火腿，轻微翻炒。此时，加入 100 毫升的鲜奶油，煮至糊状。如果有冷冻青豌豆的话可以放一些，放少许盐和大量胡椒进行调味（请根据火腿的咸度进行调整）。

酱做好时，意大利面也煮得差不多了。煮面沥干后放在平底锅中搅拌一下，就完工了。如果有帕尔玛干酪的话，可以磨碎后放在面上，会变得更美味。

反复做同一种料理，就能形成自己独特的风格。

※ 番茄酱意大利面

1990年我们住在伦敦的时候，卡路西奥在科芬花园（COVENT GARDEN）开设一家熟食店，获得了好评。经过严格筛选的意大利风味，呈献给了本土的伦敦人。我也买了他出版的书籍，试着做了各种料理，其中番茄酱意大利面的做法经过不断改善，现在成了我家常做的料理。推荐给不喜欢酸味食物的人，可以尝试一下。

介绍一下2人份的食谱。准备食材，贝壳面160g（如果没有，其他的面也可以，重点是和意大利面混合在一起的青豌豆，所以建议选择通心粉）。

把意大利面煮得稍硬一些。把一大勺黄油放在中等大小的锅中熔化，放入切成1厘米大小的熏猪肉，用小火翻炒。熏猪肉的油煎出来后，放入一罐番茄酱（300～400毫升）和少许盐、胡椒粉、砂糖，再放上一小把冷冻青豌豆。煮开之后换小火，在煮意大利面的期间继续煮酱（时间充足的话煮20～30分钟）。如果酱溅出来的话，可以盖上锅盖。

关火后，加入一包100g马斯卡朋奶酪进行调味。如果没有

马斯卡朋奶酪，加入生奶油，大概煮 5 分钟，直到酱变得黏糊为止。最后，把沥干的意大利面放入锅中搅拌均匀，根据喜好加入撕碎的罗勒，会变得更加美味。这就是点缀着青豌豆的美味意大利面。

※ 简单的橄榄油意大利面

用橄榄油做成的简单意大利面，也非常清淡美味。自从长期住在意大利的朋友教我做法后，就成了我家常做的料理。原本应该使用猫耳朵面来做的，但是在不好弄到的情况下可以用螺丝面代替。

首先，煮 160g 意大利面，在出锅前 4 分钟左右，把洗好掰成小块的半棵西兰花放入意大利面锅中一起煮。煮面的过程中，在煎锅中放入 3 大匙橄榄油、少许切成两半的大蒜，如果喜欢吃辣的，可以放入 1 个辣椒一起用小火煸出香味。放入 2 ~ 4 条鳀鱼熔化，加入少许盐进行调味。

意大利面煮好后和西兰花一起放在箩筐中沥干水分后，和 3 大匙面汤一起放入煎锅中与酱汁调匀，根据个人喜好放入碎帕玛森奶酪就可以了。

使厨房变成享乐场所

厨房中尽量不要放置杂物，但是物品太少的话感觉很凄凉，所以平时经常使用的物品要选择色彩丰富的，或样式可爱的。

水槽周围放着各种小物品。我选用颜色一致的海绵、橡胶手套和抹布。

刷帚以前也是使用同色系的，现在使用的是德国产的纯天然材质的刷帚。洗涤剂分装到外观透明清澈的瓶子中，用水稀释，以减少洗涤剂的使用量。

布料选用的是棉质或麻质的。麻质的布料没有绒毛，擦玻璃器皿的时候能够擦得非常干净。另外，麻料非常结实，经过多次清洗，即使用高温清洗都没问题。用熨斗熨烫一下，就能很轻松地使用了。

麻这种原材料种植在寒冷地带，在北欧很早以前就成了常用材料。据说母亲幼年时期，只有生长于温暖气候的棉花是很难到手的，那个时候连内衣都是用麻做成的。新做成的内衣穿

着硬邦邦的很不舒服，但是穿的时间越长就会变得越松软，也越舒适。

我幼年时期在德国生活的时候，内衣已经变成棉材质的，但是给小孩穿绒毛质地的内衣是非常普遍的。相对于薄的棉内衣来说，绒毛质地的内衣更厚一些，穿着也更暖和，所以大家都喜欢给孩子穿。

上 / 筛箩按照大小顺序，重叠挂在厨房的墙壁上。
下 / 不需要抹布专用的挂钩。夹在柜门上，脏了的话就替换新的。

4　母亲的居家打造

多次跨国境搬了家。

不是用自己的生活风格来协调居家，

而是令它与自己的生活方式相协调，

这种居家打造就是德国意识。

母亲为了打造适宜居住的居家，

每天都会下很多功夫。

介绍一下母亲的居家打造。

Out of Africa
Isak Dinesen

居家是一点一滴打造出来的

母亲在42年前从德国嫁到了身为日本人的父亲家中。因为父亲的工作调动，在日本、美国、德国等很多国家生活过，不管居住在什么地方，母亲总是会营造出让家人舒适居住的环境。

“居家需要舒适安静。”这是母亲的口头禅。

在德国，从很早以前开始，自己动手进行房屋装修和翻新就成了惯例。在德国，父亲利用“周日大工”，自己动手安装橱柜是很正常的。但是，我父亲是典型的日本人，与自己动手做“周日大工”相比，更擅长打高尔夫。

委托给专业人士的话，很难完全符合自己的意愿，而且也需要支付相应的费用，所以母亲就一个人努力地DIY。

虽然这样说，作为女性能做到的事情毕竟还是有限的。“想做成这样”的大型工程总是堆积如山。

有一天，居住在德国的妹妹和她的德国男朋友一起来日本游玩。母亲无意中说了一句“想在衣柜上方做个隔板”，妹妹的男朋友马上答应道："可以啊，我给你们做吧。"这样，就立即去东急 HANDS 购买各种材料，没多长时间就做好了隔板。在德国，为了自己居住方便，在家中进行改造是很常见的事情。

之后，母亲通过别人介绍认识了一些喜欢"周日大工"的 DIY 高手，就拜托他们帮忙做很多事情。有时委托给因为工作调动而来到日本的荷兰人的丈夫。现在，就委托平时有其他工作的菲律宾男性，在休息的时候来到我家进行各种制作。

委托日本的工匠的话，确实能够更加认真仔细地给制作。但是，相应地需要较高的费用。而且，如果拜托专业的工匠做一些琐碎、实验性的制作，也会感觉很不好意思。即使不完美，但是方便，使用的时候感觉舒适就足够了。

自己能做的事情，就要自己做。必须要找人帮忙的事情，就要委托别人。居家整理，通常是长期的。德语中有"舒适"（Gemutlich）这个词语，说的是居家和西餐厅等空间令人心情愉快的意思，具有安心、温暖氛围的空间会被这样称呼。所以被德国人称为"居家舒适"（Gemutlich）的话，是最好的赞赏了。以这样的居家打造为目标，母亲的翻新工作还在继续。

在定期订阅的美国杂志《ELLE · DECO》上看到符合自己意向的房间页面后进行整理归档。这个文档是母亲的宝贝。

现在母亲居住的家，是我上小学的时候父母购买的二手公寓。以前是 5 位家人一起生活，现在只有他们夫妻两人。他们做着各种尝试，偶尔失败的同时，在 2LDK（两室一厅一厨）的家中，享受着打造自己独特空间的乐趣。

在此介绍一下母亲的居家风格。

客厅的一面墙打造成书架

母亲超级喜欢书。从我幼年开始，母亲一有时间就会读书。读书的时间，对母亲来说是唯一“属于自己的时间”。我们兄妹即使搭话，也不能得到母亲的回应。所以小时候得不到妈妈的关注就会闹别扭，但是现在体会到了母亲当时的心情。

喜欢读书的母亲，拥有很多书籍，因此考虑要把客厅的一面墙壁打造成书架。但是，根据房间的尺寸订购书架的话，需要相当大的花销。

母亲从德国回日本前，在当时日本还没有的宜家家居店里购买了低价的书架，和其他的行李一起带了过来。

宜家家居的书架可以直接并列摆放使用，但是稍微有些煞风景。为了营造古典氛围，她把在横滨的店铺中找到的装饰线条（化妆椽）委托木匠做了粘贴。书架边缘贴上装饰线条后，书架作为室内装修的一部分，看起来非常协调，房间有了厚重感。

这个书架，还有另外一个细节。房间墙壁和天花板相邻的

客厅的一角类似于私人图书馆。打开读书灯，沉迷于读书是母亲的乐趣。

书架的后侧，根据横梁进行了切割。

图纸也自己画。这是书架翻新时所画的图纸。

部分有一个横梁，所以书架的后上部分切掉了几厘米后嵌入其中。因此，书架最上层比较浅，并排放些小开本书还是可以的。正面看来，从地板到天花板都是很正常的书架，完全看不出来后面隐藏着横梁。

作为收纳空间可以活用，同时也可以隐藏横梁，真可谓一举两得。母亲只保留能放在这个书架上的书籍数，注意不在家中到处堆积书籍，定期地整理书架，选择放在书架的书和丢弃的书。

书架的作用毋庸置疑就是为了摆放书籍，但是只摆满书籍的话就会让人感觉很沉重。不同的地方放一些自己喜欢的物品，装饰一些画，就能中和沉重感。放一些圆形物品，就会在直线中产生柔和感。

母亲在书架的中间部分摆放了带玻璃门的橱柜，用于收纳平时不常用的、来客人时会用的餐具和玻璃类的物品。而且，橱柜的最里面装有镜子。

镜子反光，玻璃就会变得闪闪发光，整个房间便环抱在光明之中。

窗帘后面的收纳空间

日本的早期公寓，横梁突出在房间内是很常见的。母亲家就是这种类型的。天花板不太高，窗户的高度也很低，有种压迫感。

为了应对这些情况，母亲花费了很多工夫。

窗帘一般是挂在窗户边框上的，但是这样的话就会使墙壁看着像是被分割开了，使人感觉房间狭小。因此，把窗帘架紧邻着天花板安装，窗帘的宽度也不是按照窗户决定大小，而是符合一整面墙的宽度。而且，从天花板到地板，就像女性的长裙一样，挂上长长的窗帘。这样，就能感觉整面墙都是窗户，房间也给人留下舒适的印象。

窗帘覆盖了一整面墙，窗帘后面、窗户左右两侧的位置就有了空间。母亲在这个地方制作了架子，架子上放置了平时不用但偶尔需要的备用桌布、大花瓶和酒瓶等。

架子平时就拉着窗帘遮挡起来。

利用窗帘后面的空间安置的隐形架子，意外地能收纳很多物品。

利用镜子营造房间宽敞明亮的视觉效果

据说古时日本的房间很暗，贵族家中就用金屏风的反射光使房间变得明亮，母亲用镜子营造了类似的效果。

镜子的反射光效应，使仅有的一束光看起来像有很多束光。此外，镜子还有类似于窗户的视觉效果，使房间显得更宽敞。

母亲在客厅侧桌顶部镶了一块和桌面大小正合适的镜子。打开台灯，灯光就会被镜子反射，然后再折射到其他地方，照亮整个房间。

侧桌的桌面，镶嵌了卖玻璃的师傅根据桌面的大小切割成的镜子。

上 / 在客厅窗户上方装上镜子，会映照出天花板，使房间看起来很宽敞。
下 / 走廊门上方也镶嵌有大小正合适的镜子。

房间窗户上方突出的横梁上贴上镜子，变得像窗户一样。德国的古建筑中，在普通窗户上方安装专门采光用的窗户是非常普遍的。母亲是从此处得到了灵感。

狭窄走廊的门上方也贴有镜子，造成了一种走廊绵延不绝的错觉。在走廊和玄关等空间狭窄的地方，墙壁上也贴有镜子，使之看着很宽敞。

自己粉刷墙壁和窗框

打造房间氛围的一个重要因素是墙壁。因为面积比较大，只是更换壁纸，或者是涂上其他的颜色，整体印象就会有很大的变化。

据说壁纸和墙壁的颜色最好是 10 年一更换，但是壁纸 10 年更换一次需要很大的工作量。因此，母亲选择可以直接用涂料粉刷的 Runafaser 壁纸更新了墙面。

当时，DIY 不像现在这么普遍，工具和涂料的颜色很难齐备，但是母亲用涂料调和出自己喜欢的颜色，开始了作业。

把房间中的物品全部移走，为了防止地毯上染上颜色，上面铺上报纸，让我和我的朋友们帮忙，大家一起粉刷了涂料。

常备工具类。把几种颜色的涂料混合在一起，制造出自己喜欢的颜色。

上 / 涂成白色的窗框，和绿色搭配极度协调。不要太在意涂料斑点。
左下 / 厨房的墙壁为米黄色，门框为绿色。
右下 / 餐厅椅子是在旧货商店购买的，3 美元一把。椅子腿按照桌子的高度进行了切割，颜色选用了艳丽的蓝色。

因为需要粉刷两次，所以比较费时间。抬头向上粉刷，也是非常不容易的作业。但是，完工之后就会感到非常满足。墙壁被刷上了非常漂亮、温暖的米黄色。

用涂料粉刷的不仅仅是墙壁。

公寓的窗框是铝色，看起来非常廉价。因为有公寓外观不允许改动的规定，所以不可能替换掉所有的窗框。因此母亲考虑要把窗框刷上涂料。购买了能涂在金属面上的涂料，把窗框认真地刷了三遍。变成象牙白的窗框，和房间非常协调，打造出了良好的氛围。

距那时已经10年了。又到了该更换涂料颜色的时候了。这次，母亲会选择什么样的颜色呢？

使狭窄的走廊变得宽敞的视觉效果

母亲的公寓中，在狭窄的走廊安装了从天花板到地板的橱柜，每次通过的时候都会有种压迫感。母亲就想办法拓宽，拆掉了原来的橱柜，换成了高度到腰部的橱柜。收纳量虽然减少了，但是眼睛所及之处没有了橱柜，感觉走廊宽了很多。橱柜上方挂着细长的镜子，使走廊看着很宽敞明亮。

走廊的墙壁，根据这把椅子的花纹进行了粉刷。

家中进行整体装修的时候，在对面安装了橱柜，门选择的是通风良好的百叶门。取掉橱柜中的隔板，内部装上横杆，作为外套专用的衣柜使用。从外面回来后，在走廊脱下外套能直接挂起来。

收纳时很占空间的长外套，不需要换季，全年都可以放在这个专用空间内。

高度到腰部的橱柜，是在涩谷的二手店购买的。走廊的墙壁粉刷成条纹状，赋予阴暗的走廊一种明亮的印象。打开柜门，竟然是鞋柜！抽屉中放的是手套和围巾等外出时使用的物品。

百叶门是在洛杉矶购买的。切割成合适的大小，刷成白色后安装的。

把玄关改造得美观且方便使用

位于玄关的断路器，突出在外面很不美观。旧公寓中也没有外壳，母亲为了隐藏断路器，专门安装了直到地面的百叶门橱柜用于遮挡。断路器下方的空间装上横杆，非常适合于收纳雨伞。

在日本的公寓，位于玄关的鞋柜，都是可以在上面用花进行装饰的高度。但是，要保持这个地方的干净利索是非常麻烦的事情。从外面回来的时候，很容易把东西随意乱放，而且也容易堆积灰尘。母亲抱着干脆把鞋柜做成直通天花板的收纳库的想法，对这部分进行了装修，现在能多收纳两倍的物品了。

在新做成的橱柜旁边多出来的空间，用三合板支起了长椅，穿鞋和拖鞋的时候非常方便。

玄关的换鞋空间，以前贴的是塑料般的瓷砖。不管怎么看都觉得很寒酸。因此，母亲下狠心更换成了大理石。玄关是家庭的脸面，要尽量打造成拥有良好氛围的空间。

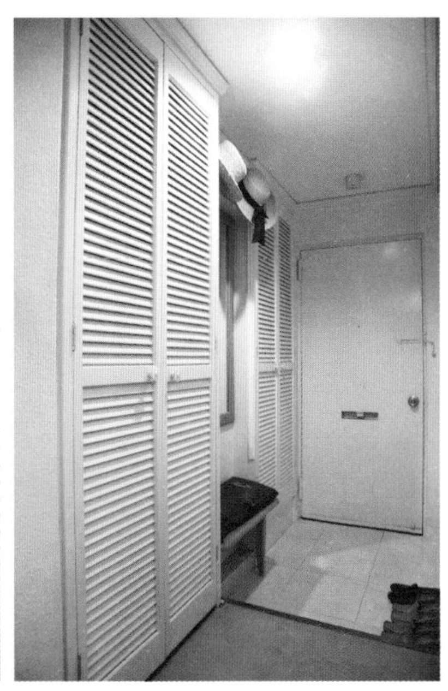

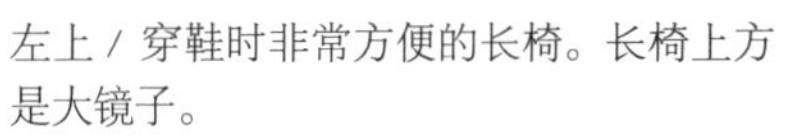

左上 / 穿鞋时非常方便的长椅。长椅上方是大镜子。

右上 / 玄关的橱柜特意做得和天花板一样高。玄关不需要装饰架。

右下 / 玄关旁边的百叶门打开后并排挂着伞，钥匙和西装刷挂在上方。

有很多隐形门的房屋

客厅不仅是生活空间，同时也是书房，或者德国的妹妹来日时的客房。

因为需要收纳很多物品，在窗户正对面的一面墙壁上做了 3 个收纳库。最右边，平时放置的是过季的洋服等，但是妹妹回来的时候，就变成了她的行李安置柜。

客厅的沙发，也可以作为客人的睡床。客人使用的枕头、床单和羽绒被等放在收纳库下方的隔断中。

正中间的收纳库，门打开后就变成了桌子。内部装有电灯，也有可以放电脑的台面。而且，桌子下面收纳有圆凳。

在这种桌子上工作，空间不足的时候，还可以把书和资料放在后面的餐桌上继续工作。客人来访的时候，把所有的物品收纳在橱柜里关上门，立刻就变得很干净整洁了。

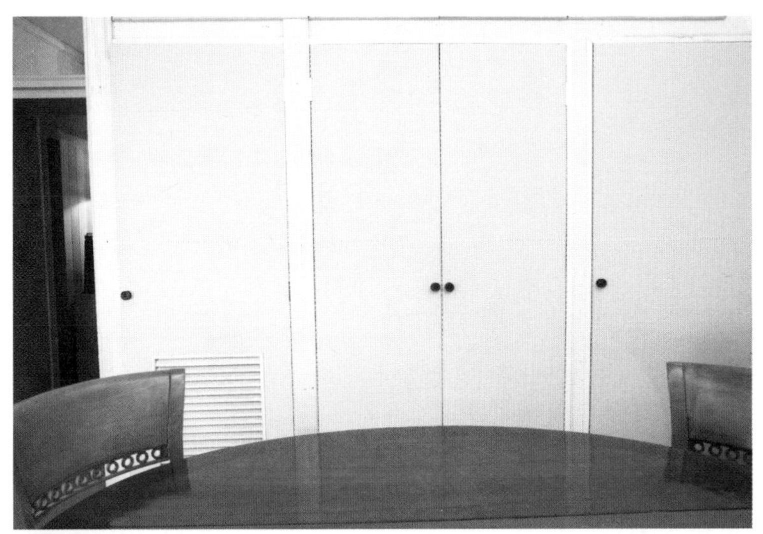

收纳库的门上贴着壁纸，和周围墙壁的颜色保持一致。门打开后桌子和电脑就出现了。高度刚好合适，使用非常方便。

◎纵深 7 厘米的薄收纳库

刚进入客厅，右侧的墙壁上有个横梁。横梁下方，空出了宽 115 厘米的空间。这个空间也不能浪费。安装一个从横梁上方到地板的门，作为收纳库，收纳了薄且表面积较大的镜框等。门上贴了壁纸，乍一看就像墙壁一样。

◎熨衣板专用的收纳库

发现壁橱旁边的墙壁内侧形成了一个宽约 30 厘米的空洞之后，母亲把墙壁拆掉也改造成了收纳库。虽然空间狭窄，但是纵深很深，非常适合放置熨衣板。其中，除了熨衣板和熨斗之外，还挂着准备熨烫的西服和桌布。

◎用剩余木板制作的毯子箱

由于制作隔板、安装门等，家里会剩余不少木板等材料。因此，利用剩余的木板制作了毛毯箱，其高度是刚好和窗户下方墙壁一样的 45 厘米。看着像长椅，打开上面的木板，里面放的是 3 条冬天用的毛毯。

◎在阳台打造大收纳库

另外一点，有众多死角的地方是阳台。以前的锅炉非常大，所以安装在各房间阳台上。现在的锅炉变得很小，但是隐藏锅炉的木箱还是很大。母亲也在这个箱子上安装了容易开关的门，使其变身为收纳空间。

左 / 大的镜框一起收纳，门的内侧贴着布料。
中 / 拆掉墙壁装上门，内部装上隔板和扶手。
右 / 只是把木板组合起来的简易箱子。

厨房窗户下面打造收纳橱柜

厨房的窗户，高度只到腰部，看起来有点不伦不类。所以，安装了从地板到窗户高度的橱柜，拜托木匠师傅在橱柜上方安装了一个长木板。这样，窗户就变成了凸窗，橱柜也融入房间成为外观漂亮的收纳空间。

橱柜的一部分，安装的是可以自由取出的门，内部藏有暖气设备。冬天的时候把门取下，就可以使用暖气设备；不需要使用的夏季，把门关上，就不需要移动沉重的设备了。

母亲的房子在二层，从厨房的窗户刚好能看到停车场。站在厨房，经常能和走在停车场的人们四目相对。因为很在意别人的视线，所以母亲就自己在窗户玻璃下半部分喷上了磨砂玻璃喷雾，加工成了磨砂玻璃。阳光能射进来，但是不用再担心别人的视线，非常惬意。

窗户下方紧邻墙壁的收纳柜。窗户上方镶嵌着镜子，朝北的厨房变得非常明亮。

餐具和食材的收纳术

在厨房有各种技巧。

比如盘子的收纳。叠放在橱柜中的话，底部的盘子难以取出。因此，母亲为了能方便取出常用的盘子，就立着并列排放。为了立着摆放餐具，在橱柜中放了一个木制的盘架，并排摆放盘子。平时常用的餐具，全部放在这个没有门的隔断中。

带把儿的杯子无法重叠，收纳比较麻烦。母亲的杯子收纳法是挂起来。在两个隔板的空间比较宽的餐具架上放置餐具之后，餐具上方还留有空间，所以能加以利用。在顶部的隔板上安装挂钩，用于挂杯子。

纵深比较深、难以利用的炉子下方的空间，装上在宜家家居购买的带脚轮的两层托架。拉出托架，不费力便能看清收纳的物品。

打开水槽上方的橱柜，有 10 个摆放瓶子的转盘，干货和食材摆放在这个转盘上。

母亲的厨房。平时常用的餐具全部摆放在水槽上方没有门的隔板上。每天都要取出放回，不会堆积灰尘。

右上 / 盘子对称摆放。不仅仅是方便取出，看起来也非常美观。
左上 / 调味品摆放在贴有瓷砖的纵深较浅的架子上。
右下 / 没有门的架子内部镶嵌着镜子，使朝北的厨房变得明亮。
左下 / 门后贴的是笔记和计量单位换算表。

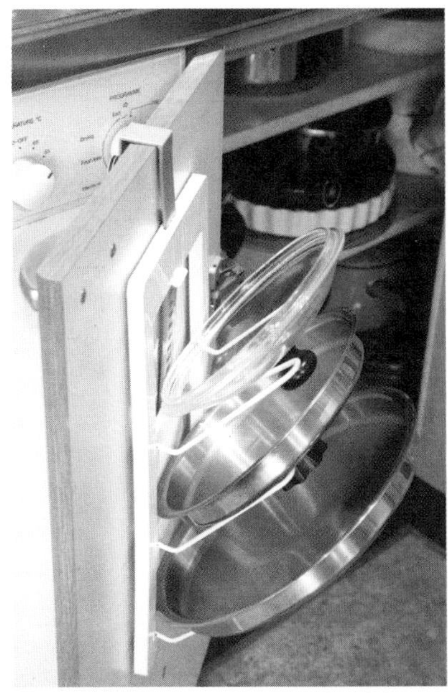

右上 / 放在转盘上，即使是在很高的位置也方便取出。
右下 / 炉子下方放置了带脚轮的托架，不费力便能一目了然。
左上 / 锅盖挂在门内侧安装的置物架上。

母亲积攒的银质餐具

母亲年轻的时候，养成了在工作的同时自己积攒嫁妆的习惯，用每月的工资买一个盘子、一件餐具，慢慢积累起来。母亲在 WMF 的一家名为“New York”的店中，收集了一些款式简单又流行的银质餐具。自从结婚时就带到日本，至今已经使用 40 多年了。

银质餐具用专用的抛光粉进行抛光。如果没有抛光粉用牙膏也可以。

银器收纳在橱柜中不使用就会发黑，每天和手接触使用、清洗的话，基本上不会变色。光泽如果变得平淡，抛光之后就立即恢复光泽了。这是和不锈钢的不同之处，也是银器的魅力所在。

在娘家，每年一次，在圣诞节之前对餐具进行保养处理。孩子们也都一起帮忙。大家把报纸铺在餐桌上，在欢快地聊天的同时，抛光银质餐具。

母亲的时间管理术

母亲从德国嫁到了身为日本人的父亲家中。为了更快地适应日本，观察日本人的生活，并且和自己了解的生活风格进行比较的母亲，说出了“德国人的家庭是个大商场，日本人的家庭是私人商店”的话语。

德国主妇的工作是，让家里每个人在需要的时候能找到需要的物品，进行简单明了的收纳和管理。家中每个人能做到自己拿出和放回，是关键之处。

但是，日本家庭相当于私人商店，主妇是店主。需要某种物品的时候，店主就会帮忙拿出来。如果说德国家庭是自助式的话，日本家庭就附带细节服务了。其差异也体现在收纳和做家务所花费的时间差别上。

在身为长女的我还是小学生、最小的妹妹还在读幼儿园的

时候，母亲开始去大学读书。现在回想起来，当时应该是难以置信的忙碌的每一天，但是当我们从学校回到家的时候，母亲总是在家，并准备好了晚餐。在有生日会、圣诞节等活动的时候，邀请朋友一起开派对，母亲也给布置了房间。迄今为止，我完全没有不自由的记忆。

前几日，询问母亲是如何兼顾主妇、母亲和学生的角色时，母亲回答说在于时间的管理。

我们去学校的时候母亲也去学校，我们在家的时候母亲也在家中，她拥有担任主妇陪同家人的时间。而且，母亲必须在晚上 7 点让孩子们睡觉，在父亲回家之前的时间内，学习大学的课程。家务定在下午和孩子们在一起的时候进行，决定洗涤、买东西和扫除的日子，有效率地进行工作。

母亲经常说："不做任何事情时间也会溜走。如果想要做某种事情，请你马上开始吧。"

之后，母亲不满足于大学学历，在妹妹高中毕业的时候考入了大学院，55 岁的时候获得了博士学位。看着母亲总是会想，只要开始做某种事情，就永远不会太晚。

※ 德国的出租住宅

日本的出租住宅，有厨房是很正常的事情。但是，德国的出租住宅如果标明“没有家具”，那就一定是没有家具。厨房的水槽、炉子、橱柜也被认为是家具，没有这些设施的房子成为出租的主流。

住在德国法兰克福的妹妹，最近搬了家。之前住的房子和最近新搬的房子都没有厨房。和搬家的时候带来睡床一样的道理，整体厨房也一起搬了过来。但是，并不是说带来的整体厨房能够放在新的房间中，拆卸和安装都需要花费很多时间。

最近，搬家时把整体厨房留在房间中的人增多了。但是，这个整体厨房不是房东的所属物，而是租赁人的物品，搬出去的人会卖给新的租户。妹妹也把房间中的整体厨房转让给了下一个租户，在新的租宅重新购买整体厨房。新的租宅中，之前的租户在房间地板上铺了瓷砖，这些也直接购买了。

禁止在墙上钉一根钉子的日本租赁住宅，有着截然不同的感觉。

5　德国式生活习惯

虽说在日本生活了很长时间，

但是受到母亲的影响，

家中的生活习惯

自然还是德国式的。

与日本不同，但是同样合理的

德国式生活习惯，

下面对此进行一些介绍。

无论如何首先要换气

几年前的一个寒冷的冬天，我在汉堡的一家酒店门前等候朋友。客人下车后，司机在等待下一个乘客的时候，把车门一个不剩地全打开，包括后备箱。当时的气温已是零下，我在想司机到底在干什么，后来发现原来是在通风换气。

日本的出租车司机在寒冷的时候会调高空调温度，打造温暖的车内环境迎接客人。但是在德国，把车内污浊的空气换成新鲜空气后，再迎接客人是很常见的。

德国家庭的早晨，是从通风换气开始的。不管多么寒冷，一定会打开窗户通风换气。这时要注意的是，人必须要避开冷空气。打开窗户后，就要进入不会直接接触到外面冷空气的房间。等换气结束后，再进入之前的房间。

在德国，待在通风的场所被认为是非常危险的，所以人们从孩童时期开始就被教导“通风是疾病之源”。不论何时何地，德国人都能很敏感地感受到凉风。在西餐厅或咖啡店如果坐在了通风的座位上，会马上提出更换座位。

即使讨厌通风，德国人仍然非常喜欢院子或阳台等地方。经常在外面摆着桌子椅子吃早餐，或者工作回来后纳凉的同时喝啤酒。周末则在阳台的桌子上享受咖啡时光。

阳台摆放着绿色植物和椅子。夜晚点上蜡烛一边喝啤酒一边纳凉。

内衣也要熨烫？！

在我还是高中生的时候，我居住在德国的祖父母家中。祖母不管什么都要熨烫，连内衣也要熨烫。

一天早上，我在上学前换衣服的时候，发现自己的牛仔裤上居然一点折痕都没有！真是太佩服了。

德国人特别喜欢熨烫。因为德国天气不好的时候非常多，很多衣物即使晾干了也没有干透。这种时候，在收纳洗涤物之前用熨斗熨烫，应该同时有杀菌的作用，所以人们大都保持着熨烫的习惯。

其次，仔细熨烫过的衬衣、桌布和床单真的是很舒服。德国人非常了解这种感觉。

大床单用熨斗熨烫是非常麻烦的事情。祖母一直是自己一个人熨烫，但是现在只剩祖父一人，通常床单在家中清洗，半干后拿到洗衣店让他们给熨烫。价格也合适，真的很方便。用熨烫过的床单铺床，感觉很干爽，触感也很好，躺在床上有种幸福的感觉。

我也熨烫桌布、被套和枕套。

熨衣板需要能站着使用，并且高度合适。我用的是在德国名为“Life Height”的制造商生产的熨衣板，能对高度进行细微调节，非常方便。

熨衣板的外罩，选择的是银质的材料。最初买回来的时候也带有布制的外罩，但是把表面加工成银质的外罩导热性强，便于熨烫。另外，Life Height 生产的熨衣板是金属质地的，所以外罩和台板之间用棉垫子（同时销售）隔开，熨烫也变得很容易。

烫衣板的高度为 87 厘米。像餐桌布那样大型的面料，洗后半干时进行熨烫的话会变得很漂亮舒适。

不用的时候折叠起来，竖立在卧室门后，门打开后刚好能隐藏起来。将熨衣板放在方便拿到的地方，是避免熨烫变得麻烦的技巧。

虽然被套的熨烫非常麻烦，但我每周至少进行一次，边看电影边熨烫。在欣赏自己喜欢的电影的两个小时内，熨烫工作能很顺利地完成。

熨衣板，选用面积大、能调节高度的产品。

午餐是德国的正餐

在德国，饮食用“热的”和“冷的”来区别。早餐基本上是冷餐，多为小的圆形面包，加上黄油、火腿、奶酪、煮鸡蛋、番茄、果酱等。饮品通常是咖啡。

晚餐的主流也是冷餐。黑面包或全麦面包配以黄油和火腿、奶酪，加上沙拉类、炒土豆、酱菜等，有时也会配上一些汤。饮品是水、啤酒或红酒。虽然简单，但是因为晚上要睡觉，所以没有必要吃太多。

德国的热餐，指的是煮土豆、烹饪后的蔬菜、肉食加上汤汁的饮食。早晚以面包为主的饮食比较常见，每天会吃一次热餐。我幼年居住在德国时，家人中午从学校和公司回来后，就在家中吃这种热餐。

现在，午餐在食堂随便对付一下，晚上在家中和家人一起吃热餐的人增多了。但是我的祖父还在坚守着这个传统，将每天的正餐安排在中午。吃完饭之后睡个午觉，之后回到工作岗

在冬季吃大锅菜，全身舒适温暖。同时要吃抹上满满奶酪的黑面包。

位继续努力，他一直保持着这种传统的生活节奏。这也是合理健康的生活方式。

在以土豆为主食的德国，有很多用土豆做的餐食，也有专门教人做土豆的美食书籍。在此，介绍一下我喜欢的三种餐食。

※ 用剩余食物做成的大锅菜

祖父的母亲，也就是我的曾祖母那个时代的女性，真的是勤劳能干。据说嫁入曾祖父家后，曾祖母每周六就把全家人一周食用的面包和糕点全部都烤出来。那一天其他的事情都做不了，所以周六的饮食，就是用家中剩下的食物做成的大锅菜。这种习惯，祖父到现在还在坚持着。

大锅菜（Eintopf）在德语中有“一个锅”的意思，是把切碎的蔬菜和熏猪肉放在一个锅中煮成的餐食。非常简单，而且也能解决剩余的食物。

我最喜欢的大锅菜是在土豆汤中加入香肠厚片制作的。

下面介绍 2～3 人份的食谱。

一块 50g 的熏猪肉切成火柴棒粗细，放入中等大小的锅中炒出油。2个中等大小的土豆、1根胡萝卜、1棵芹菜、1/2个洋葱切成方块，放在炒熏猪肉的锅中，加入600毫升水。1个清汤宝和1片月桂叶，如果有的话加入2～3根麝香草，用中火煮。为了避免土豆煮烂，可以把土豆最后放入，煮5分钟左右。

土豆用报纸包着放在筐中保存。使用削皮器能更快地完成削皮工作。

最后放入法兰克福香肠薄片，出锅前放入少许盐和胡椒调味即可。请在稍微带点酸味的黑面包上涂上满满的黄油，这是最棒的组合。

这种大锅菜的材料，卷心菜和芸豆等家中有的蔬菜全都可以使用。如果放入排骨，汤汁会变得更加美味。

※Bratkartoffeln

日本啤酒城的菜单中，经常会有被称为“德式土豆”的菜，但是实际上在德国没有这种名称的餐食。我认为这肯定是指

“Bratkartoffeln”。对德国人来说，这款料理是用前一天剩下的盐水煮土豆做成的剩菜料理，就像在日本用剩下的米饭第二天做炒饭等料理一样。

用刚煮好的土豆不太好做，所以把土豆连皮一起多煮一些。土豆什么品种都可以，用五月皇后的话不容易煮碎。

如果是两人份，准备 2 个中等大小的土豆。煮好的土豆不用保鲜膜直接放入冰箱冷藏。之后，在开始做饭 1 个小时之前拿出来。这样做的话，会使土豆稍微干燥一些，不容易碎开。

做法是，首先把 1/2 个洋葱切成薄片，与 1 大匙黄油和 1 大匙色拉油一起倒入平底锅中翻炒，变软后盛出。

接下来，把土豆皮剥掉切成 1 厘米厚的薄片摆放在平底锅中，多用些时间慢慢煎烤。不要频繁翻动，慢慢地煎是煎出漂亮的金黄色的技巧。油不够的时候，分别加入一半的黄油和一半的色拉油。油稍微多一些会更容易煎炒。

开始煎出漂亮的颜色的时候，就放入之前盛出的洋葱等一起翻炒。根据喜好，在最初的时候可以放入香肠薄片一起炒，会变得更美味。加入少许盐和大量胡椒粉进行调味之后就做好了。把冰箱中剩余的汉堡、香肠、炸鱼等放进去也可以。

这个料理口味较重，如果加上一个鸡蛋轻轻搅拌混合，就成了有名的“农夫的早餐”这道菜了。

※ 土豆沙拉

提到在日本也很常见的另外一个德国料理，那就是土豆沙拉。在德语中，土豆沙拉被称为“kartoffelsalat”。

德国有很多种土豆沙拉，在此介绍祖母经常做的，也是我家常做的土豆沙拉。

土豆使用不易煮烂的五月皇后。带皮用盐水慢慢煮，大约要用 15 ~ 20 分钟，所以这期间可以做沙拉酱。

下面是 4 个土豆的沙拉调料食谱。首先，放入 1 大匙醋、1/2 小匙盐、胡椒粉和砂糖各 1/4 小匙，慢慢搅拌直到盐全部溶化。德国通常使用的是白葡萄酒醋，但是用普通的粮食醋也可以。

接下来，加入 3 大匙色拉油拌匀。加入 4 大匙温热的清汤（用 1/3 个固体汤块溶解而成的也可以）再次搅拌。1/4 个生洋葱切成薄片，3 根切得很细的酱菜（酱菜瓶中剩余的酱汁，可以代替沙拉调料的醋来使用。用香草类腌渍而成非常美味），2 片切成细丝并炒出油的熏猪肉，煮好的鸡蛋分成 6 份，一起倒入进行搅拌。这样觉得还不够的话，加入 1 大匙沙拉酱，浓郁的香味就出来了。

煮好的土豆沥干水，趁热剥皮（因为很烫，也可以插在叉子上，用刀剥皮）。趁热切成 1 厘米大小，用刚才做好的沙拉调料调制。温热的时候，沙拉调料能更好地渗透其中。

盛在盘子中盖上盖子，经过 1 小时的味道融合，和鱼肉等相搭配的土豆沙拉就做成了。

剩余的土豆沙拉，可以放在冰箱保存。小的时候祖母就教导我们，刚从冰箱拿出来的土豆沙拉难以消化，所以一定要注意。在德国，一般要等恢复到室温后才食用。

每天的咖啡时间

在德国，邀请别人来家中做客通常会用咖啡款待。“到我家喝咖啡吧。”人们经常受到这样的邀请。

家人在一起喝午后咖啡是非常稀松平常的事，但是初次在家招待新结交的朋友，举办生日会，远道而来的亲戚等聚在一起喝咖啡，这些对德国人来说是非常重要的社交活动。招待时间一般是下午的 2 点或 3 点左右。大家通常不穿牛仔裤，而是以稍微正式的装扮参加。

在日本，被请去喝茶，经常会带着茶点去，但是在德国，这是非常失礼的事情（如果主人提前拜托了那就另当别论了）。其原因在于，点心是要由主人准备的。因为客人带过来的点心肯定是要拿出来的，这样主人提前准备的点心就没法拿出来了。作为拜访礼物最受欢迎的是应季的鲜花和巧克力、起泡葡萄酒等。

在德国和祖母一起生活的时候，咖啡时间的餐桌布置是我

午后咖啡时间的定例，巧克力大理石蛋糕配上许多奶油。鲜奶油 200 毫升加入 1 大匙绵白糖和香兰精就变得很松软。

右上 / 德国人喜欢香草茶。晚饭后为了能更好地入眠，会泡上一壶洋甘菊或薄荷茶。
左上 / 鹿儿岛亲戚家的阿姨做的白薯团子。我也经常喝日本茶。
右下 / 家中有美国樱桃，装饰在用酸奶做成的软乳酪饼上，并浇上果子冻。

的工作。餐桌布置也有很多规矩。祖母最喜欢的是浆好的纯白色桌布，要确认叠痕直线伸展。

然后摆上应季鲜花，摆好客人用的咖啡杯和银匙，放上蜡烛。

喝的基本上都是香味较浓、苦味很淡的滴滤咖啡。虽然最近在德国喝茶的人多了，但是用咖啡招待客人还是主流。糕点一般是装饰有应季水果的点心，以及一两种焙烤饼干或曲奇等。非常简单也没关系，尽量拿出手工制作品。然后是稍微有点甜的、松软的奶油放在圆形碗中端出来。奶油可以涂在焙烤饼干上，也可以加入咖啡中一起饮用。

如果你被擅长手工制作点心的阿姨邀请去喝咖啡的话，建议你不要吃中午饭而是直接出门。其原因在于，只吃一块糕点是不被允许的。你要做好准备，吃得多主人才会高兴。

在安静摇曳的烛光中，悠闲地消磨时光，愉快地进行交流是很惬意的事情。

煮洗涤物品

在德国，很早以前就有煮洗涤物的习惯。德国基本上不能像日本一样期待用日光消毒，通过煮洗涤物使其变得干净，同时也可以杀菌。因此，德国产的洗衣机能调节温度是非常常见的。用高温洗涤的话很容易掉色，所以洗涤物必须要按颜色分别清洗。白色的物品，经过高温清洗，污垢就很容易清洗干净了。

德国的集体住宅，有“洗涤厨房”这样的公用房间。这里就是指洗衣房。在洗衣机尚未发明的时代，德国人会把洗涤物放在大尺寸的铜锅内煮，所以流传下来了这个名称。

祖母家中，从洗涤厨房可以进入带宽阔草坪的后院，利用草坪上的柱子绑上晾衣绳，可以用于晾晒洗涤物。如果运气好的话，有太阳可以晒干洗涤物，但说起来，在德国一般是风吹干洗涤物的。

这是父母新婚后我出生时的故事。父亲回到家中，看见厨房的火炉上放着大锅，就问：“要做什么呢？”母亲回答道：“今天做尿布汤。”当时就是把我的尿布全部放入大锅煮沸。

根据这个窍门，厨房的台布和擦餐具用的擦碗布等全部可以煮沸消毒。确认不会掉颜色之后，把抹布放在锅中加上水。加入洗涤剂慢慢地煮沸，咕嘟咕嘟煮 20 ~ 30 分钟。之后正常漂洗拧干晾晒。

侧开门的德国代表性的洗衣机，从 30℃到 95℃，大约间隔 10℃能设定温度。

选择优质羽绒被的方法

祖父母的故乡在柏林近郊，那里冬天特别寒冷，当时零下20℃是很正常的。据说流淌于祖父老家门前的宽300米以上的奥得河，进入隆冬季节就全部结冰。祖父非常期待这个时刻，因为可以滑冰去河对面的学校。

那个时期的德国姑娘的嫁妆，其中一件会是羽绒被。据说在当地，生出了女娃娃，就要在家中养鹅，圣诞节的时候杀掉。鹅肉在圣诞夜时享用，拔下的羽毛储存起来用于做羽绒被。

在德国，现在居住于城市的人也逐渐增多，自己做羽绒被的风俗习惯已经基本上看不到了，但是羽绒被是必需品的事情却从未改变。

羽绒被是比较昂贵的商品。购买的时候，需要仔细鉴定。现在世界上制造羽绒被的地方很多，有德国制造、加拿大制造、匈牙利制造、中国制造等。挑选时的要点是，比起产地更要注意羽绒被的品质。混有15%以上的羽毛，即使便宜也不能购买。羽毛的前端很尖，在使用的过程中会刺破被罩跑出来。优质的羽绒就像胎毛一样，既细小又松软。

另一点需要注意的是，把羽绒被分块。把羽绒全部放在一个套子中使用，羽绒就会聚集在一侧。细细区分，在每个方格内均匀放入羽绒就不会移动了。

羽绒被保暖的原理是因为被子里有空气，空气温暖后能保温。因此，冬天盖着羽绒被仍觉得寒冷的话，不是在毛毯的上方盖上羽绒被，而是先盖上羽绒被再盖上毛毯。这样做，就可以完全保留温暖的空气了。

我家使用的是双层羽绒被，是将薄的和中等厚度的两床羽绒被，重叠起来用扣子固定使用的被子。秋天使用一床中等厚度的，冬天把两床被子重叠起来，春天用的是一床薄羽绒被。

羽绒的护理很简单。只要不忘记每天使其和空气接触就可以了。直接日晒会使羽绒变得干燥，所以晾干的时候要选择阴干。我每天早上都会把卧室的窗户打开，拍打羽绒被和枕头，想着让所有的羽绒都和空气充分接触，用这样的心情认真地拍打。拍打后的被子放在床头，同时让床垫也和空气接触使其干燥。20 多分钟之后，把被子对折，放在床的下半部分。这就是德国式铺床。不用床罩。

没有床罩的德国式铺床。很舒适，最重要的是愉快。

融于生活的草本精华和精油

在德国经常喝咖啡，也经常饮用花草茶。夜晚，晚餐后饮用的一般都是花草茶。

感冒鼻塞的时候，泡上满满的洋甘菊茶，面部贴在上面，从头部开始敷上大毛巾。这样强迫鼻子呼吸，鼻子就会变得通畅。小时候觉得洋甘菊的味道非常刺鼻，不喜欢，但是呼吸确实变得通畅了。

补充维生素 C，就要选玫瑰花茶。想治愈花粉症，就选薄荷茶。婴儿不爱入睡，就让他 / 她喝菩提花茶。

我也经常使用新鲜香料。若有剩余，像茎粗叶硬的迷迭香等香料，就放在通风良好的地方阴干。风干的香料和新鲜的一样，也可以用于料理等。像罗勒和香芹等叶子柔软的香料，用

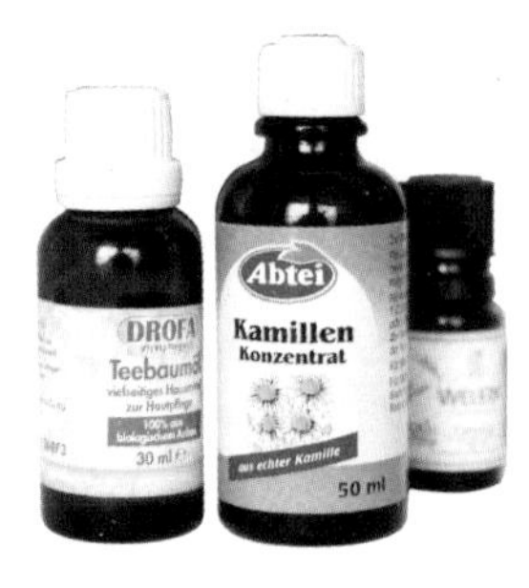

常备的草本精华和精油，也有去德国时购买的。

任何家庭都会有的常见花草茶，洋甘菊、薄荷、玫瑰花茶。

保湿烹调纸包上，装进塑料袋中放入冰箱保存。

薰衣草花摘下后阴干，用棉布手绢包上，放在衣柜的抽屉中，内衣就会散发出悠然的香味。虫子不喜欢薰衣草的香味，所以也可以防虫。薰衣草也具有让人放松的效果，所以有时也会放一些在枕头中。

香薰精油可用于各种场合。薰衣草精油的香味也可以在厨房使用。如果做料理之后，厨房气味积聚，来不及通风换气的时候，就用锅把水烧开，在热水中放入一滴薰衣草精油来净化空气。香茅的香味类似于柠檬，具有杀菌效果，所以在卫生间和厨房等清洁感非常重要的场所，可以滴上一滴。

茶树精油也经常使用，具有杀菌效果，对鼻子和口腔的黏膜有益。感冒的时候，在热水中加一滴用于熏蒸，或者是在水槽中放一滴，厨房和房间就会弥漫着芳香的气息。

由洋甘菊提取物浓缩制成的洋甘菊精油也是定例，任何家庭都常备，牙痛的时候用棉签蘸上一些涂在痛处，就会变得非常舒适。

后记

去年秋天，有机会在德国停留 3 个月，所以就租住了 100 年前建成的旧公寓带家具的房间。

房间很漂亮，房顶很高，因为是 100 年前的建筑物，自然就没有电梯。我只能提着很重的行李箱，一个台阶一个台阶地爬上相当于日本四楼的高度。进入房间的瞬间，还没等松口气，我马上对自己的行为觉得好笑和吃惊了。

因为是带家具的公寓，除了生活必需的床等家具之外，厨房和锅、餐具、床上用品、家电等非常齐全。所以，我进入房间后做的事情只是重新整理收纳。

打开厨房的橱柜，取出所有物品，把自己接下来的 3 个月可能用不到的工具，全部收纳在厨房中最难拿到的橱柜中。之后，把可能用到的工具和餐具摆放在容易拿到的地方。放在其他房间的小物品，和自己不需要的、碍事的物品也全都收纳在看不到的地方。

整理出干净舒适的房间之后，终于可以休息了。接下来，就要开始全新的生活了。

至今不断重复搬家过程，也许在不知不觉中掌握了一瞬间就能判断出对自己的生活来说哪些需要和哪些不需要的能力。我想，今后也要通过这种偶尔的生活方式，继续打造让家人生活舒适的房间。

借此机会，对策划编辑本书的编辑老师表示诚挚的谢意。同时，对从幼时开始教会我房间打造乐趣的母亲，为我创造了在各种国家生活、接触到各种生活方式及环境的父亲表示感谢。最后，要感谢和我一起享受生活乐趣的英坊。

图书在版编目（CIP）数据

德国式家居收纳术 / （日）门仓多仁亚著；黄曙玉译.— 济南：山东人民出版社，2013.11（2016.5 重印）
ISBN 978-7-209-07827-6

Ⅰ.①德… Ⅱ.①门… ②黄… Ⅲ.①住宅—室内装饰 ②住宅—室内布置 Ⅳ.① TU241

中国版本图书馆 CIP 数据核字（2013）第 231305 号

责任编辑：王海涛

德国式家居收纳术
（日）门仓多仁亚　著　黄曙玉　译

山东出版集团
山东人民出版社出版发行
社　址：济南市经九路胜利大街 39 号　邮　编：250001
网　址：http:// www.sd-book.com.cn
发行部：（0531）82098027　82098028
新华书店经销
山东临沂新华印刷物流集团印装
规　格　32 开（148mm × 210mm）
印　张　4.75
字　数　50 千字
版　次　2013 年 11 月第 1 版
印　次　2016 年 5 月第 4 次
ISBN　978-7-209-07827-6
定　价　28.00 元

如有质量问题，请与印刷单位联系调换。（0539）2925888